地球村

韩雨江　李宏蕾◎主编

吉林科学技术出版社

图书在版编目（CIP）数据

地球村 / 韩雨江，李宏蕾主编. -- 长春 : 吉林科学技术出版社，2021.6
（七十二变大冒险）
ISBN 978-7-5578-8077-4

Ⅰ. ①地… Ⅱ. ①韩… ②李… Ⅲ. ①科学实验一少儿读物 Ⅳ. ①N33-49

中国版本图书馆 CIP 数据核字 (2021) 第 101942 号

七十二变大冒险 DIQIUCUN 地球村

主　　编　韩雨江　李宏蕾
绘　　者　长春新曦雨文化产业有限公司
出 版 人　宛　霞
责任编辑　汪雪君
封面设计　长春新曦雨文化产业有限公司
制　　版　长春新曦雨文化产业有限公司
选题策划　长春新曦雨文化产业有限公司
主 策 划　孙　铭　徐　波　付慧娟
美术设计　李红伟　李　阳　许诗研　张　婷　王晓彤　杨　阳
数字美术　曲思佰　刘　伟　赵立群　李　涛　张　冰
文案编写　张蒙琦　冯奕轩

幅面尺寸　170㎜×240㎜
开　　本　16
字　　数　125 千字
印　　张　10
印　　数　1-5000 册
版　　次　2021 年 6 月第 1 版
印　　次　2021 年 6 月第 1 次印刷
出　　版　吉林科学技术出版社
发　　行　吉林科学技术出版社
地　　址　长春市福祉大路 5788 号出版集团 A 座
邮　　编　130118
发行部电话 / 传真　0431-81629529　81629530　81629531
81629532　81629533　81629534
储运部电话　0431-86059116
编辑部电话　0431-81629518
印　　刷　吉林省创美堂印刷有限公司
书　　号　ISBN 978-7-5578-8077-4
定　　价　32.00 元 / 册（共 5 册）

随处可得的实验材料
让每个人都能成为小科学家

炫酷的动画 * 新奇的故事 * 奇妙的实验 * 简单的操作

唐吉百无聊赖地游走在街上，远处小胡同的角落里一扇破破烂烂的木门映入眼帘，唐吉走近木门，随即被吸入了一个如同古代的地方。蓝琪、孙小空、猪小包乘坐小飞云赶来。蓝琪告诉唐吉这里是“异世界”，最后一片碎片就在这里。

唐吉决定在这里一边寻找碎片的线索，一边传播科学知识，唐吉还为这个异世界取名“地球村”。

唐吉四人在村里遇见了一棵被封印的“树精”，“树精”提供了关于“古约门之盾”的线索——种花。等花开后，把果实给村里最胖和最瘦的人吃下去，大家就会得到碎片的线索。唐吉四人住在村落里，一边轮流看守花籽，等待花开，一边帮忙改建村落。他们通过村民见到了巫师，又通过巫师知晓了村落的秘密。他们来到了村子曾经用于祈福的地方——心愿阁，心愿阁里的两个孩子帮助唐吉四人找到了关于“古约门之盾”的终极秘密。唐吉四人在改建村落的同时与村民和“树精”建立了深厚的友情，通过努力，唐吉四人终于找到“古约门之盾”，获得了终极智慧。

目录

人物介绍

姓名：唐吉

* 性别：男
* 年龄：11 岁
* 梦想：成为最有智慧的人
* 性格特征：

唐吉为人保守，喜欢读书，终日沉浸在自己的理想世界中，梦想着有一天能成为这个世界上的智慧尊者，用自己的能力开创出一个新的思维生活空间。但不得不说，唐吉是几个孩子中懂得最多的人。

姓名：孙小空

* 性别：男
* 年龄：9 岁
* 梦想：成为一个可以拯救世界的大英雄
* 性格特征：

孙小空为人正直勇敢，心地善良，乐于助人，快言快语，遇到不公平的事情会挺身而出。但有点狂妄自大，法术不精，冲动的个性让他经常好心做错事，闹出很多笑话。不过愤怒会激发他的小宇宙，调动他的潜在能力。他用心地守护着身边的伙伴们，每当遇到危险时都竭尽所能带领他们逃脱困境。

姓名：猪小包

* 性别：男
* 年龄：9 岁
* 梦想：成为一个吃尽天下美食的专家
* 性格特征：

猪小包小名包子，整天贪吃贪睡，胆小怕事，行动力非常差，经常拖团队的后腿。但是他没有心机，见不得朋友伤心，却又不知道自己能做些什么。可是他打个哈欠就能制造出龙卷风，处在危险境地时一个屁也能发挥神力，误打误撞地解救了朋友。没有食物的时候脾气会变得暴躁，吃饱了力气就会变得很大，是团队中的“贪吃大力神”。

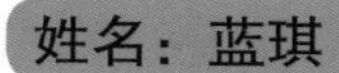

姓名：蓝琪

* 性别：女
* 年龄：10 岁
* 梦想：成为一名美丽与智慧并存的勇者
* 性格特征：

长相甜美，非常讨人喜欢，大智若愚，善于观察。当朋友遭遇危机时，会挺身而出，救朋友于水火中。蓝琪为人和善，善于聆听，在团队里经常起到指挥的作用。

来到异世界

周末

好奇怪的木门。

唐吉被吸了进去

揉了揉眼睛

向四周张望
我这是到了哪里？

唐吉被原始人穿戴的村民吓到，跑了起来，书包也落在了村口
这是回到古代了吗？我还是跑吧！

哎哟，
疼死了！

唐吉，我们
来找你了。
你们都
来了。
这是哪里啊？
这是异世界。

我真像来到了古代啊！
我们要找的最后一块碎片就在这里。
唐吉，集齐碎片，就可以完成你的梦想了。
那真是太好了。
我是怎么来到这里的？
你一定是走近了那扇木门，那是时空之门，时空之门在这个空间随处可见，你可以随时回去。

那当然。
那我们开始寻找碎片吧。
这么神奇！

四人走在陌生的小路上，观察这里的环境

这里的人是我们的祖先吗？
你猜呢？
应该不是的。

他们想做
什么？
他们追上来
了，伙伴们，
快跑吧。
我跑不动了。

其他的村民发现了唐吉四
人，也都跑了过来
别怕，让我来
保护你们！

我们没有恶意，只是感到好奇，你们不是我们村的人。
这是你掉的东西，我想把它还给你。
你们好，欢迎你们来到这里。
原来他们只是想把书包还给我。
吓我们一跳。
这个地球仪送给你，谢谢你捡到我的书包。
地球仪是什么东西？

地球仪就像包子
一样圆圆的。
就知道吃。

哈哈哈……
大家开心
地聊起来

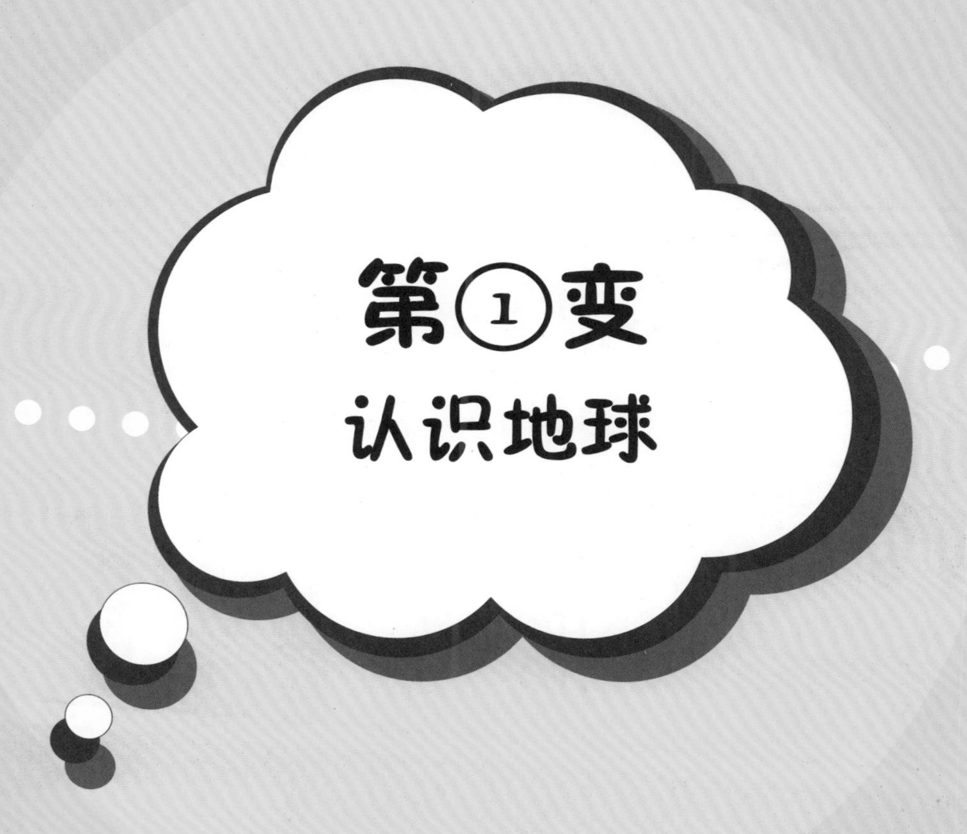

第①变

认识地球

扫描章节最后一页，
观看实验视频教程

唐吉，地球仪
是做什么的？

地球仪也叫地球模
型，可以用来观察
地球的结构。

那地球是什么？

地球是宇宙
空间中的一
个小小星球，
上面有丰富
的资源维持
我们生存。

你们现在生活的
地方就在地球上。
我做一个模型，
让你们了解一下
地球的结构。
又可以传授知
识了，真是太
开心了！
看把你高兴的，快
给村民们讲讲吧。

接下来取黄色橡皮泥包在红色小球外面，搓成圆球，做地球的地幔。

地幔

地幔是介于地表和地核之间的中间层，厚度将近 2900 千米。主要由致密的造岩物质构成，这是地球内部体积和质量最大的一层。

再取出蓝色橡皮泥包在黄色小球外面，搓成圆球，做地球的地壳。

最后，我们用绿色的橡皮泥做陆地。
一个完整的模拟结构制作好了。
地壳是固体外壳，地球固体圈层的最外层，地壳的厚度是不均匀的。我们生活的区域属于大陆地壳。
地球是我们赖以生存的家园。
这里的村民真的很聪明，他们都很爱学习。
唐吉，你可真厉害！

包子，你干什么去？
好饿啊，我去找点吃的。
真是吃性不改。
让我再给你们科普一下吧。
地球是目前已知的宇宙中唯一存在生命的天体，是包括人类在内上百万种生物的家园。保护地球就是保护我们赖以生存的家园。
海王星
天王星
土星
火星
木星
地球
金星
水星
太阳
小行星带

包子找到了食物，
兴奋地回来了

孙小空从包子那
抢过食物

你怎么不多拿几个，我也饿了。
小空，你太过分了。
我还没吃呢，快给我！
这个饼真不如包子好吃。
嘿嘿

请问你们这个村子叫什么名字？
我们村没有名字。

叫“飞云村”怎么样？

App 扫一扫，观看实验视频教程
地球村
今天我们科普了地球知识，就叫“地球村”吧。

第②变

井轱辘取水

扫描章节最后一页，
观看实验视频教程

我们为他们的家园做点什么吧。
好主意。
造些有用的东西怎么样？
可不可以造些钱。
这个不行，我说的是改造，为他们增加一些设施。
那我们给他们建造一个集市吧。
再建造一个包子铺。

包子，你就
知道吃。
在改造前，我们还是
要先找找碎片的线索。
我们去寻找一下吧，
说不定有意外发现。
四人沿着村落一直走，
进入一片森林

大家好像被一双双
眼睛注视着
好大的风啊。

啊
你们是谁？
树竟然可以说话！
啊啊啊
快放我下来！
你们为什么来这里？
你们不要怕，我不是坏人。
我们来自另一个世界，是来寻找“古约门之盾”的。

你是妖怪！

你为什么
会说话？
因为我也是你们那里的
人，我来到这里就被魔
法禁锢变成了一棵树。

那你知道“古约
门之盾”在哪吗？
你们没有被魔法变成树，
应该是“古约门之盾”的
有缘人。我给你们一些花
籽，种在村子的土地里。

你们需要把距我不远处的深井里的水打出来，每天浇在花籽上。
看守 49 天，会长出两朵花，找到这村里最胖和最瘦的人，让他们吃下去，就能得到你们想要知道的“古约门之盾”的答案。
唐吉四人来到不远处的井口旁
好深的井啊！
这似乎是个大工程。
真的好深。

这么深我们怎么把水取出来呢？
我有办法了，用井轱辘取水的方法。
我回去找些人来帮忙吧！
你能帮我一起制造取水的用具吗？
好的。
将两个木棒插入底座的两个孔，固定住。
摇杆 1 个
立板 2 个
横轴 1 个
水桶 1 个
底座 2 个
线绳 1 条
木棒 2 个
安装好横轴、摇杆、立板，将上半部分固定好。

用线绳将水桶固定在横轴上。
再将下半部分的立板和底座与上半部分固定好。顺着一个方向摇动摇杆，轱辘转动，水桶就被提了上来。
井轱辘是利用轮轴原理制成的用于井上取水的起重装置，用摇杆摇转，带动轱辘转动，就将水桶提起来了。
由轮和轴组成，绕共同轴旋转的机械，叫作轮轴。轮轴就是能够连续旋转的杠杆，支点就在轴心，轮轴转动时，轮与轴的转速相同。
唐吉，按照你说的方法制作好了。
这样摇动摇杆，水就取上来了。
App 扫一扫，观看实验视频教程
我们成功了！

第③变
齿轮传动

扫描章节最后一页，
观看实验视频教程

新的一天，唐吉四人
一起将花籽种在地里
地球村
唐吉，你再给我们展示一个实验吧，也许我们可以制造出更新奇的东西。
好呀，要不我再给你们做一个齿轮联动的小实验吧。

将大齿轮的孔和卡纸上的孔对准，插入铜钉固定。
将小齿轮的孔和卡纸上的孔对准，插入铜钉固定。大小齿轮呈咬合状。
齿轮传动是指由齿轮副传递动力的一种机械传动。它的传动比较准确，效率高，结构紧凑，工作寿命长。
用手转动一个齿轮，另一个齿轮也会随着转动起来。观察发现大齿轮的转速要低于小齿轮。

唐吉，你真的好棒！
好神奇，我们听明白了。

在古代，人们利用这个原理制作指南车。
指南车是什么？
指南车，又称司南车，是中国古代用来指示方向的一种装置。
指南车是利用齿轮传动来指明方向的一种简单机械装置。其原理是靠人力来带动两轮的指南车行走。
不论车子转向何方，木人的手始终指向指南车出发时设置的木人指示的方向。
人力带动车内的木制齿轮转动，传递转向时，两个车轮的差动再来带动车上的木人指示方向。
N
S

唐吉，这么悠久的历史你都了解。
我们也做一个，这样就可以随时辨别方向，不会迷路了。
大功告成。
唐吉，你们是从哪里来的，怎么懂得这么多？
我们来自21世纪的中国，那里有很多先进的技术。

我们为了寻找“古约门之盾”而来到这里。你们知道“古约门之盾”吗？

我们听说过。

你们要找到我们村里的巫师，他会告诉你们关于碎片的消息。

要去哪里找他？
小空，我们坐小飞云去寻找。
好的！
没有人知道他住在哪里，他很神秘。

也许他会先
来找你。
是谁告诉你们
种花的呢？

是一棵……

花籽是我们
自己带来的。
你们需要帮忙
就来找我们。

第二天，唐吉回到自己的世界寻找东西
时空之门还真能回来。
找到日历本了。
时间真快啊，我们在那里生活也有一段时间了。
看一下49天后的时间。
49除以4
制定一个看守花朵的劳动分工，12余1，多出来的一天分给包子。

从我开始看守花朵，其他几人先帮忙改建村落。

然后是小空、蓝琪、包子，你们依次看守花朵。

为什么多的一天给我了？

即使我们三个投票也都选择分给你。

这不公平。
第一天
第二天
第三天
包子，明天轮到你了。
App 扫一扫，观看实验视频教程

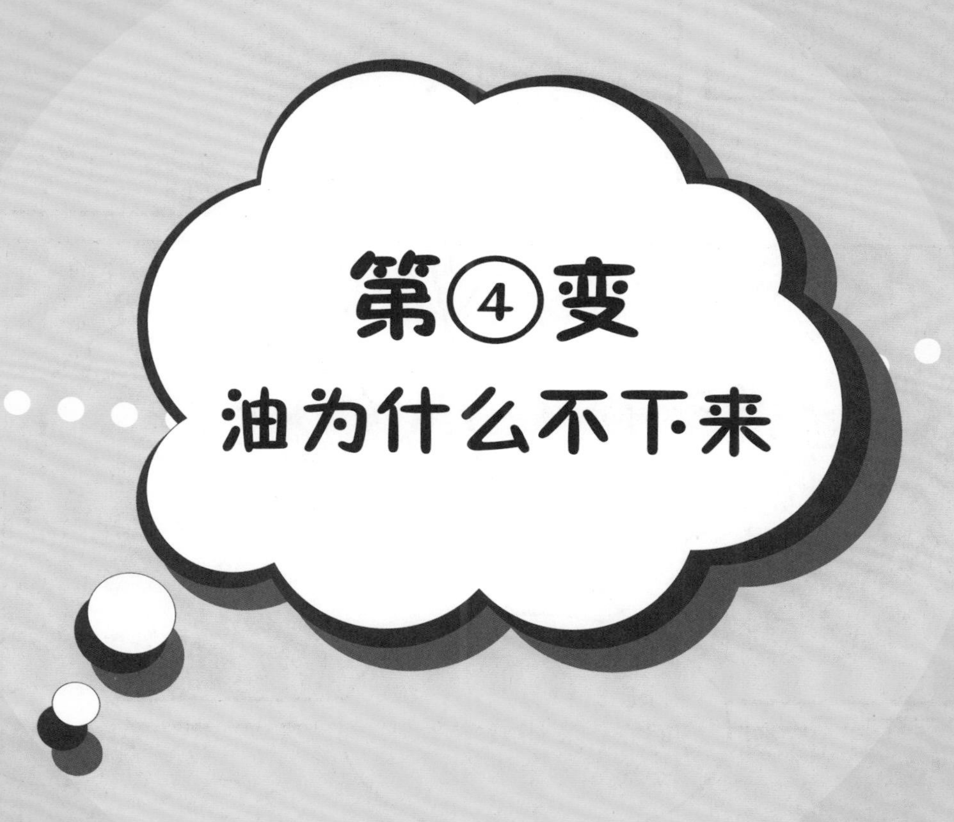

第④变 油为什么不下来

扫描章节最后一页，
观看实验视频教程

打个盹儿吧。

肚子好饿。
咕噜咕噜
这时唐吉拿来了包子
村长、村长夫人，你们好，正巧我拿了包子想要分给大家。
谢谢你。
我饿了，我也要吃。

包子，你吃了村民
就不够分了。
包子，没
你的份。

包子抢过一个热腾腾的包子咬了
一口，油溅到了村长夫人的身上
包子，你把油溅到
村长夫人身上了。
……
……
哎呀，这是什么？

唐吉，我的衣服
上是什么？
那是油，是一
种从动物、植
物中提炼出来
的物质。
包子，你闯祸了。
我想想。

有了，我们把衣服用
洗洁精洗干净就可以。

唐吉，我就知
道你有办法。

唐吉穿梭时空之门从家里带回洗洁精，村长夫人将溅上油的衣服交给唐吉
洗一洗
大家看，油渍不见了。
村长夫人，您的衣服我们清洗干净了。
非常抱歉，都是我不好。
你用了什么东西，为什么脏东西不见了。
这是洗洁精，可以去除油渍。
我给你们做个实验讲解下吧。

稍等，我去找
些村民过来跟
你学习。
油
塑料杯 2 个
清水
滴管 1 个
将油倒入小塑料
杯中，再将水倒
入大塑料杯中。
用滴管将油滴入
水杯中，看看会
发生什么变化。
油漂浮在上面。

同样体积的油和水，水的密度要大于油，油比水轻得多，所以油总是浮在水面上。

洗洁精可以使油污分解。洗洁精里面含有乳化剂，可以增强油污的分散和悬浮能力。

洗洁精去油是乳化原理。主要借助乳化剂，乳化剂亲水又亲油，乳化剂的亲油端可以将衣服上的油污包裹在里面，亲水端露在外面。根据“相似相溶”原理，被乳化剂包裹的一个个“衣服上的油污”便可以分散到水中，被洗涤下来了。

上古时期，我国古人就开始食用油类食品，不仅如此，据古书记载,不同季节还需食用不同的油。汉代以后，开始出现植物油，但是不能食用，只用来织绢布，直到宋代，才开始有食用植物油的记载。
我回去取些食用油给这里的村民们吧。
这是我们那里的植物油，你们可以尝尝。
太感谢你们了。
不客气。

唐吉，快点把包子分给村民们，都要凉了。
唐吉，包子偷吃了一个，少了一个。
你教我们学知识，还分给我们包子吃，真的很感谢，我们家少拿一个就好。
村长，别客气，快让来的村民先品尝一下包子，其余的我们一会儿送到村民家里。
谢谢。

我准备在这里教
大家蒸包子。
包子，你还是明天
继续执勤吧，蒸包
子不适合你。
就是。
我也这么觉得。

哈哈哈
好吧，谁让我惹祸了。
你就乖乖执勤吧，
不许偷懒。
App 扫一扫，
观看实验视频教程

第⑤变
磁力旋转木马

扫描章节最后一页，
观看实验视频教程

静待花开的感觉
真是枯燥。
小空捧着桃子
回来了
小空，你去
哪里了？
我去摘
桃子了。
小空，你出去
也不带着我们。
关于吃的？
我发现一个
奇怪的现象。

你就知道吃！是
海市蜃楼现象。
在哪里？
你看到了什么？
那是一座
宫殿……
唐吉，蓝琪，包子，
小空，你们在这里啊！
我们带你们
去个地方。
好神秘。

好热闹。
村里正在举行成人礼
你们的活动好热闹啊。
我们这里的人满十四岁就会举办成人礼，成人礼现场会有唱歌、跳舞等活动。
跳舞真累啊。
唐吉，我们送一份礼物给他们吧。
那就送一个磁力旋转木马模型吧。

卡纸
冰棒棍
磁铁
双面胶
铁钉
将卡纸剪成花朵的形状，将花瓣向中心折叠。
将铁钉穿过卡纸的中心。
用双面胶将磁铁和冰棒棍粘在一起。
用磁铁吸起铁钉。
轻轻拨动卡纸折成的“旋转木马”使其旋转，磁力旋转木马就做好了。

快看，唐吉在
做什么呢？
我们过去
看一下吧。
这是什么？
这是磁力
旋转木马。

这是我送给
你们的礼物！

有人说旋转木马是一
种幸福的象征，希望
你们永远幸福。

唐吉，你的磁力
旋转木马真好玩。
唐吉，为什么
旋转木马会转？
我给你们讲讲
磁力旋转木马
的原理吧！

磁力旋转木马能够
旋转而不掉落是因
为磁铁的磁力作用。

我手中的这种磁铁是天然
产物，并不是人类发明的，
它可以很轻松地吸起一些
含铁的物质。

磁铁的成分是铁、钴、镍等原子，其原子的内部结构比较特殊，本身就具有磁性，能够产生磁场，具有吸引铁磁性物质，如铁、钴、镍等金属的特性。
什么是铁磁性物质呢？
比如说铁钉，在没有遇到磁场时，原子内部排序比较乱，磁性相互抵消。而当它遇到磁铁时，内部原子在磁场的作用下，整齐地排列起来，从而被磁铁吸引。
木马能旋转而不掉落，是因为铁钉和磁铁的极性间产生吸引力，铁钉就牢牢地与磁铁“粘”在一起了。在辅助条件下就能使它转起来。
唐吉，能做一个给我吗？

可以，这回让
包子制作。

包子，你学
会了吗？
这个……
我……
我们也要。
App 扫一扫，
观看实验视频教程

第⑥变 下雨警报器

扫描章节最后一页，
观看实验视频教程

新的一天
不知道树爷爷为什么让我们种花。
下雨了，快去看看种子！
下雨了，不知道唐吉他们回去没有，快走！

我们用伞
遮一遮吧。
两个小时后……
天终于放晴了。

我们这里经常下
雨，有时都来不
及收衣服。
给你们做个下雨警
报器，这样就不会
措手不及了。

什么是警报器？
警报器是一种在某事件发
生前，以声音、光、气压
等形式来提醒我们应当采
取某种行动的电子产品。

纸巾、2节电池、1杯水、电池盒、2条导电条、滴管、1袋盐、蜂鸣器LED灯、底板、双面胶。
盐
蜂鸣器LED灯
底板
滴管
1杯水
2条导电条
电池盒
2节电池
纸巾
双面胶
电池盒装上电池，再将电池盒和蜂鸣器LED灯用双面胶粘在底板上。
将LED灯的长脚线接上电池盒的红线。
将两条导电条粘贴在底板上。
将LED灯的短脚线接到其中一根导电条上，电池盒的黑线接另一根导电条。
将盐倒入水中，搅拌均匀。

将纸巾盖在两条导电条上，
用滴管滴盐水将其浸湿，
LED 灯就会亮起来。
溶解于水后能导电的
化合物，叫作电解质。
要下雨前，空气的湿度
比较大，盐会吸水溶化，
变成电解质接通电路，
使蜂鸣器发出响声。
有了下雨警报器，
我们就可以提前
做准备了。

太好了！

这个送给你们，
我们一会还要去
看看花开没开。

唐吉，都49天了，
为什么我们的花
还没开啊？

都怪你偷懒。

我们还是去找
树爷爷问问吧。

寻找

感觉这些树都长一个
样子，这该怎么找？

怎么又下雨了，
树爷爷，你快出来！
谁在叫我？

是我们，树爷爷。
树爷爷，你害怕下雨
吗？要不要我也给你
做一个下雨警报器。

这里是森林，是用不到这个的。
树并不需要躲雨。
包子，这你都不知道。
阿嚏！
好吧。
包子，谢谢你这么为我着想。
不用客气。

孩子们，你们来找我，是有什么事吗？

树爷爷，是不是因为包子偷懒，不浇花，花才没有开？
树爷爷，我还有一个问题：我看到的海市蜃楼到底是什么？
孩子们，时间会告诉你们答案的。

你们要有耐心，要学会自己去探索，等时机成熟自然能寻找到答案。
你们要记住，智慧和勇气能化解很多困难。
谢谢树爷爷，我们明白了。
做个记号，下次就可以找到你了。
包子，你变聪明了。
我们还是回村子里耐心地浇花吧。
地球村
App 扫一扫，观看实验视频教程

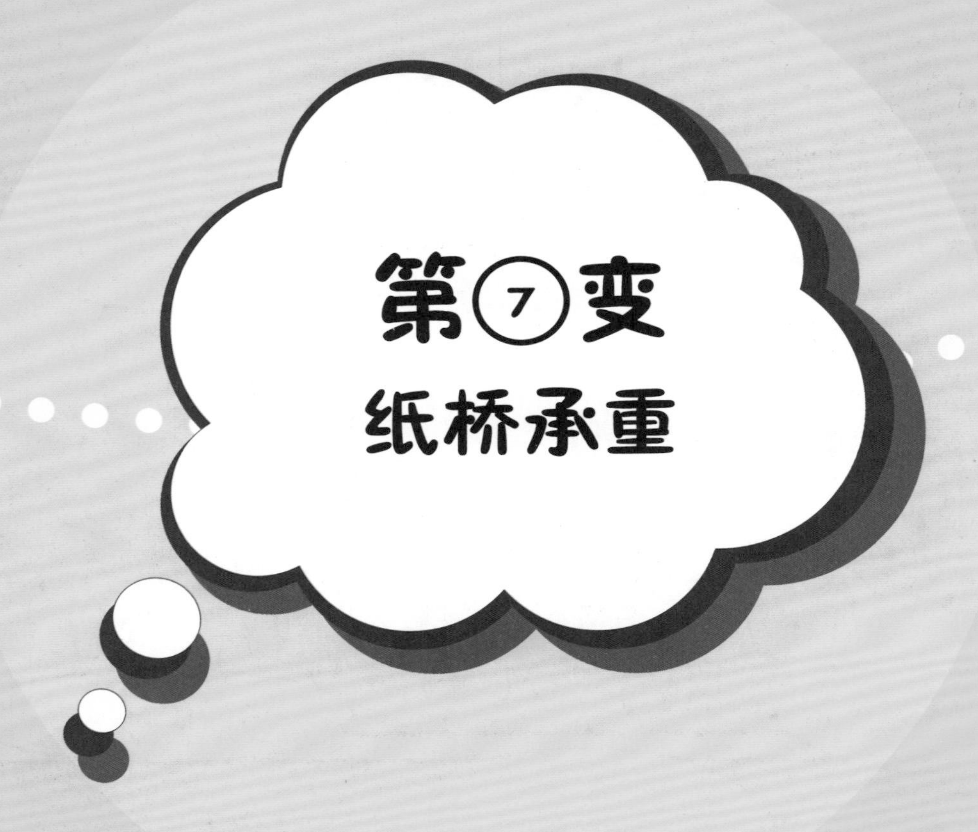

第⑦变 纸桥承重

扫描章节最后一页，
观看实验视频教程

快来看啊，长出
花骨朵儿了！
就要开花了，我们
需要多一些耐心。
哇！太神奇
了吧。
你们看，叶片
上有字。
对岸有碎片
对岸？是不是我看到
海市蜃楼的地方？
我们还是去问问村民，
他们应该知道。

请问这附近
哪里有河？
我带你们去。
包子，你留下看着花，
我们去寻找线索。
这有条河，小空，你用
小飞云带我们过去吧。
我的小飞云
不见了……

碎片很可能就在对岸，我得想想怎么才能过河。
有办法了！我们请村民来为我们造一座桥吧。

小空，你去找些村民过来。
好！

小空找来了村民

你们能不能帮我建造一座桥？
没问题。

小石子若干
彩纸2张
海绵方块2个
把彩纸平放在海绵块上。
把小石子放在彩纸中间，彩纸被石子压塌了。
把彩纸反复折叠成手风琴形，放在海绵块上，再放小石子，这回彩纸没有被压塌，承受住了石子的重量。
纸张平放在海绵块上，纸张的抗拉性较强，而抗压性就比较弱，所以承受不住石子的重量。
折成手风琴形以后，间接形成了三角形的稳定结构，提高了纸的硬度与稳定性，因此它可以承受更大的重量。

几天之后小桥
建好了。

村民们
真棒。

走，我们去河
对岸看看吧。

唐吉，我们真的
要过去啊。

树爷爷说过，
问题的答案
需要我们自
己去探索。

咱们先过去对岸查
看下情况，再回来。

过去之前，我有
一个想法。

我们在桥上
合个影吧。
包子，你就
知道玩。

咔嚓！

走吧。
请你们等一
下……

对岸非常危险，不可莽撞前去，还是先留下来寻找线索吧。
如果对岸有危险，还是要做好充足准备再去查看。
说得有道理。
有点可怕，再等等吧。

你是谁？
我是这里的巫师。

我们要找的就是你。

你知道“古约门
之盾”吗？

你们先跟我走，我
给你们讲一个故事。
唐吉等人跟巫师来
到了森林里的一处
树屋。
十年前，一个外空
间的人来到这里。
这里是异世界。

外来者的到来破坏了这里的秩序，导致“古约门之盾”瞬间化为碎片散落。
这里发生了翻天覆地的变化。
以前这里也过着现代的生活。
碎片散落后变成了你们现在看到的样子，记忆也被刷新了，只有我和师父还记得以前的事。
但是村民的智慧还保留着。
这里的守护者是我的师父，他是这里的第一任巫师。

碎片散落后，他将下一任巫师的继承权传给我。
之后，他开始去各个空间寻找“古约门之盾”的有缘人。
听说有缘人能够恢复“古约门之盾”的原貌，解开所有的封印。但师父至今也没有回来。
我想你们应该就是他说的有缘人。

那树爷爷到底是谁？
树爷爷就是从外空间闯入的那个人。

他为何变成了一棵树呢？
因为他破坏了这里的秩序，所以受到了“古约门之盾”的惩罚。
孩子们，你们来这里不怕危险吗？
我们不怕！

孩子，你来寻找“古约门之盾”是为了什么呢？
我想获得更多的智慧。
树爷爷给了我们花籽，我们想等花开了找到碎片线索，再去寻找。
我相信我们会解开所有的谜团。
孩子们，我对你们有信心。
App 扫一扫，观看实验视频教程

第⑧变 弹簧秤

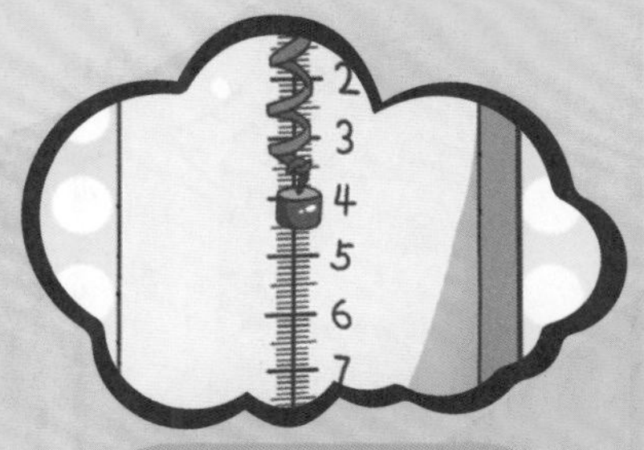

扫描章节最后一页，
观看实验视频教程

新的一天······
地球村

碎片究竟在哪里呢？

唐吉，蓝琪叫咱们去集市帮忙。

大家快过来，我教大家测量重量。

先教你们认识
弹力吧。
皮尺1个
弹簧1个
皮筋1根
用皮尺测量出
橡皮筋的长度。
将皮筋拉长后再
测量一次长度。
用皮尺测量出弹簧
拉长的长度。
弹簧复原后再
测量一次长度。

在外力作用下，物体发生形变。外力撤销后，物体又恢复原状，这样的形变叫作弹性形变。发生弹性形变的物体会对跟它接触的物体产生力的作用，这种力叫作弹力。
橡皮筋还可以系头发。
弹力的大小跟形变量的大小具有一定的关系：在弹性限度内，形变量越大，弹力越大；形变消失，弹力就随着消失。
0
1
2
3
我们常用的钟表发条、机械定时器、橡皮筋、健身拉力器、弹簧秤、拉线开关等都是根据弹力原理制作的。
接下来我们来做弹簧秤吧。

将被测物挂在钩上，弹簧即伸长，由于在弹性限度内，弹簧伸长的长度与所受之力成正比，因此物体重力可从弹簧秤所指示的刻度数值直接读出。

太好了。
大家会称重后，就可以互相交换物品了。

这个办法可行。
我去取一个体重秤，看看村民谁是最胖和最瘦的人。

我取回来了。

大家的体重居然都一样。

也许，我们要找的人并不在这些人当中。

伙伴们，你们在干吗？快过来啊，我做的包子蒸好了，快尝尝。

大家快来，包子蒸好了。

你竟然会做包子，真没看出来。
嘿嘿，我有很多的技能，你都没看过。

你做的包子真好吃，谢谢你。

你们喜欢吃就好。
小空、包子，去找来一些木材，我们搭建书屋。
好，没问题。

为了让村民们增长知识，我们搭建一个书屋吧。
好主意，这样村民们就可以学会更多的知识了。

我们开始搭建吧。
我们回来了。

我们先搭
好框架。
书屋建好了。
太棒了！
谢谢你们。

唐吉，你去取
些书籍吧。
好嘞。
App 扫一扫，
观看实验视频教程
有了书籍就
不一样了。
村民们，这儿就
作为你们学习的
场所。
感谢你们为我
们做的一切。

第⑨变

人工造雪

扫描章节最后一页，
观看实验视频教程

马上就要过春节了。
这里是异世界，他们没有节日。让村民感受一下春节的气氛怎么样？

好啊，我回去拿一些装饰。

我取回来了，大家开始布置吧。
开动！

这好像是我们第一次一起过节。
是呢，这将是一次难忘的回忆。

包子，你在找什么？不要乱动礼物。

这衣服真好看，我想试试。
你怎么可能穿得进去。

我竟然穿不上，好小。

包子，你快脱下来，那件是送给孩子们的。

我说怎么这么小。

哪件是我的礼物？

没给你带。
好失望，都没有我的礼物。

哈哈，跟你开玩笑的。
哇，我也有新衣服穿。

过年我们都穿上新衣服。

唐吉，我们也来帮忙。
除夕当天
终于完成了。
好漂亮啊。

今天是除夕之夜，明天就是传统意义上的春节了。我们给大家准备了新年礼物。
这些礼物送给大家，希望大家在新的一年里幸福、快乐。
谢谢你们。
大家一起合个影吧。
大家微笑。
唐吉，谢谢你们，我们都很喜欢你的礼物。
我还有一个疑问，除夕和春节是什么意思啊？
除夕是岁末的最后一天夜晚。岁末的最后一天称为“岁除”。“除夕”是岁除之夜的意思，又称大年夜、除夕夜、除夜等。

春节，即农历新年，是岁首，传统意义上的年节。春节俗称新春、新年、岁旦等，又称过年、过大年。春节历史悠久，由上古时代岁首祈年祭祀演变而来。

春节期间，各地均会举行各种庆贺新春的活动，带有浓郁的地域特色，形式丰富多彩，凝聚着中华传统文化精华。

而且，春节的时候，是一年的冬季，北方的城市会下雪，在春节的时候下雪，预示着来年是丰收之年，瑞雪兆丰年。

雪是水在呈现固态时的一种形式，下雪是水在空中凝结再落下的自然现象。雪只会在很冷的温度及温带气旋的影响下才会出现，因此亚热带地区和热带地区下雪的概率较小。

我给你们做个关于雪的实验吧。
太好了。
吸水树脂

向透明盘里倒入两勺树脂粉末。

再倒入20毫升清水。

大家观察一下树脂粉末的变化。

“雪”渐渐地出现了。

"雪"真美，
白白的。

这是关于雪的明信片，送给你们作为纪念吧。

不客气。
太好了，谢谢你，让我们知道了雪这种美丽的物质。

咱们一起包饺子吧。
好啊。

我们再去准备一些美食。

饺子煮好了，大家帮忙端到餐桌上吧。

吃饺子了。

晚宴开始了，
请就坐吧。
好丰盛啊，
谢谢村长。
不客气，
希望你
们喜欢。

好久没吃到
这么好吃的
饭了，真香。
我们那里过新年
的时候，都会互
送祝福。我祝大
家新年快乐！

孩子们，也祝你们
新年快乐。
App 扫一扫，
观看实验视频教程

新年快乐！

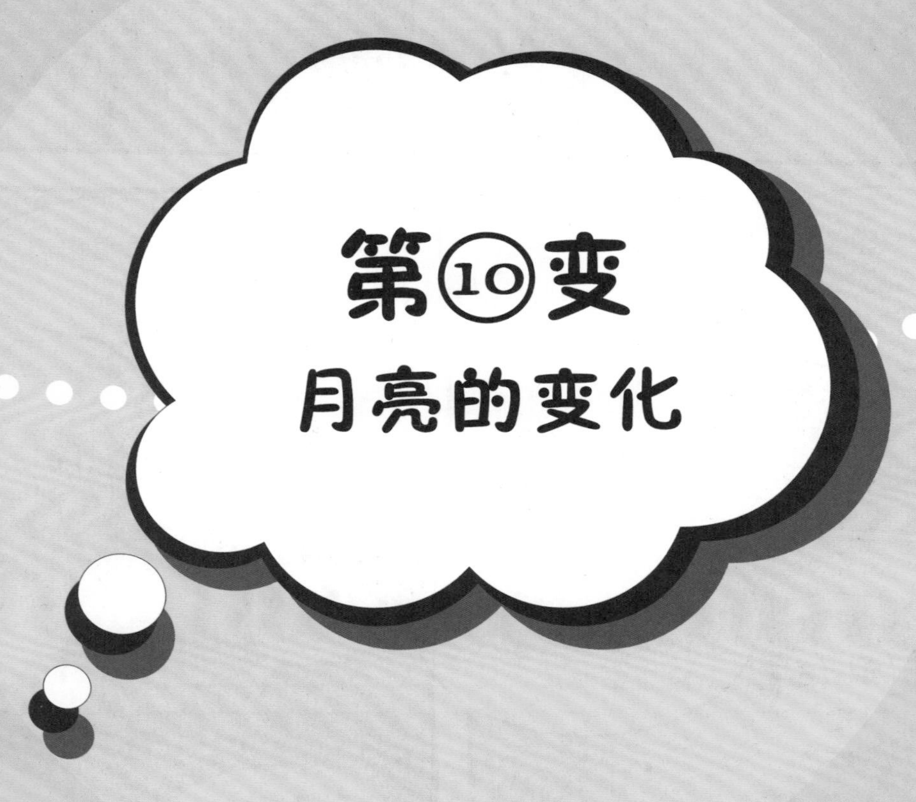

第⑩变
月亮的变化

扫描章节最后一页，
观看实验视频教程

一天晚上，大家坐在院里聊天

唐吉，为什么月亮有时候是圆的，有时候是弯的？

这叫作月有阴晴圆缺。
我们来做个月相仪吧。
地球

满月
渐盈凸月
上弦月
蛾眉月
新月
残月
下弦月
渐亏凸月
太阳
地球
裁切好两个硬纸模。

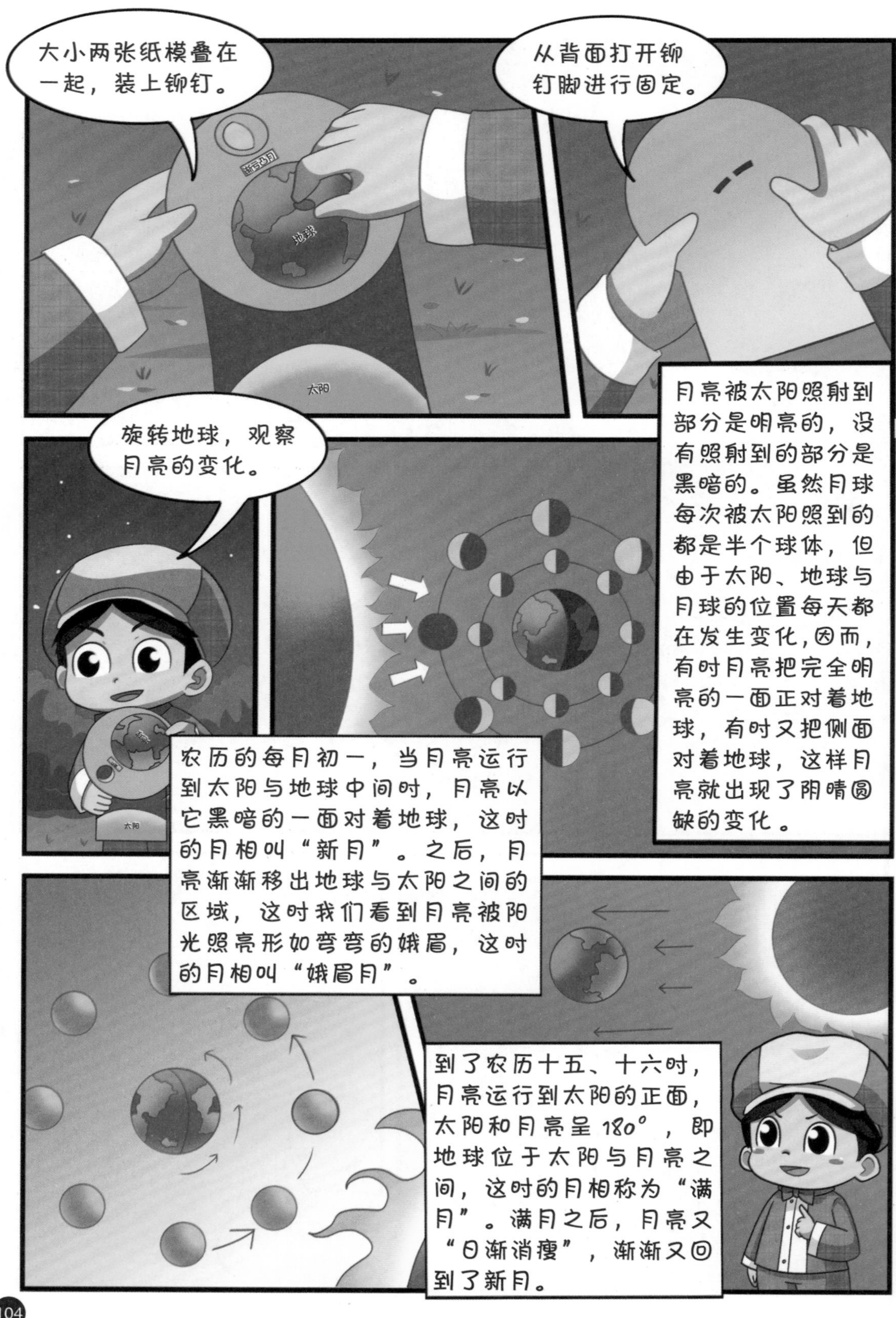
大小两张纸模叠在一起，装上铆钉。
从背面打开铆钉脚进行固定。
旋转地球，观察月亮的变化。
月亮被太阳照射到部分是明亮的，没有照射到的部分是黑暗的。虽然月球每次被太阳照到的都是半个球体，但由于太阳、地球与月球的位置每天都在发生变化，因而，有时月亮把完全明亮的一面正对着地球，有时又把侧面对着地球，这样月亮就出现了阴晴圆缺的变化。
农历的每月初一，当月亮运行到太阳与地球中间时，月亮以它黑暗的一面对着地球，这时的月相叫“新月”。之后，月亮渐渐移出地球与太阳之间的区域，这时我们看到月亮被阳光照亮形如弯弯的娥眉，这时的月相叫“娥眉月”。
到了农历十五、十六时，月亮运行到太阳的正面，太阳和月亮呈180°，即地球位于太阳与月亮之间，这时的月相称为“满月”。满月之后，月亮又“日渐消瘦”，渐渐又回到了新月。

唐吉哥哥，你真棒。

我再教你们念一首《水调歌头》的诗词吧。

明月几时有？把酒问青天。不知天上宫阙，今夕是何年。我欲乘风归去，又恐琼楼玉宇，高处不胜寒。起舞弄清影，何似在人间。……
这首诗词是北宋文学家苏东坡非常著名的代表作之一。
人有悲欢离合，月有阴晴圆缺，此事古难全……
苏东坡借月亮思念弟弟，表达了对弟弟苏辙的思念之情。

月的圆缺是具有周期性的。在古代，人们每当看到月的圆缺，再想到自己身不由己的时候，就会通过月圆来寄托自己思人、思乡的情怀。

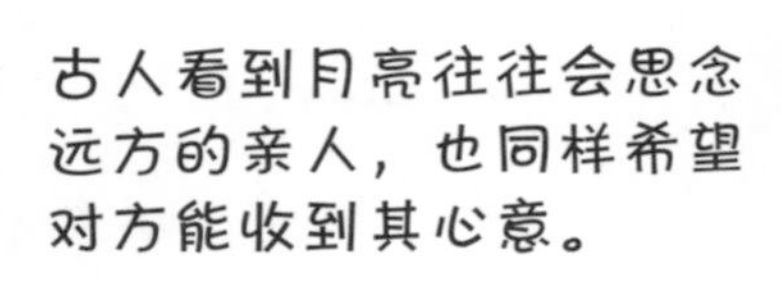

我们在这里生活很久了，我有点想家了。

等我们找到了碎片就可以回家了。
唐吉，你们给我们这里带来了美好。以后每年的这一天，我们就过“唐吉节”。
大家还要继续努力呢。

这多不好意思。
唐吉害羞了。

要不叫包子节也行啊。
包子，别闹了。
虽然不知道你们这里位于地球的什么位置，现在是什么时间段，但是以后的今天也叫春节吧。
我们都是中国人，希望中国的传统文化能在你们这里传承下去。

好啊，好啊！我们也有节日了。

我们一起放烟
花庆祝吧。
放烟花了！

我也要玩。
不要急，我让
小空在空中放。
小空，这有烟花，
给大家欣赏一下吧。
好嘞。
小飞云，你
终于回来了。

好美啊。

太美了。

这里还有烟花，
大家一起玩。
谢谢。

App 扫一扫，
观看实验视频教程

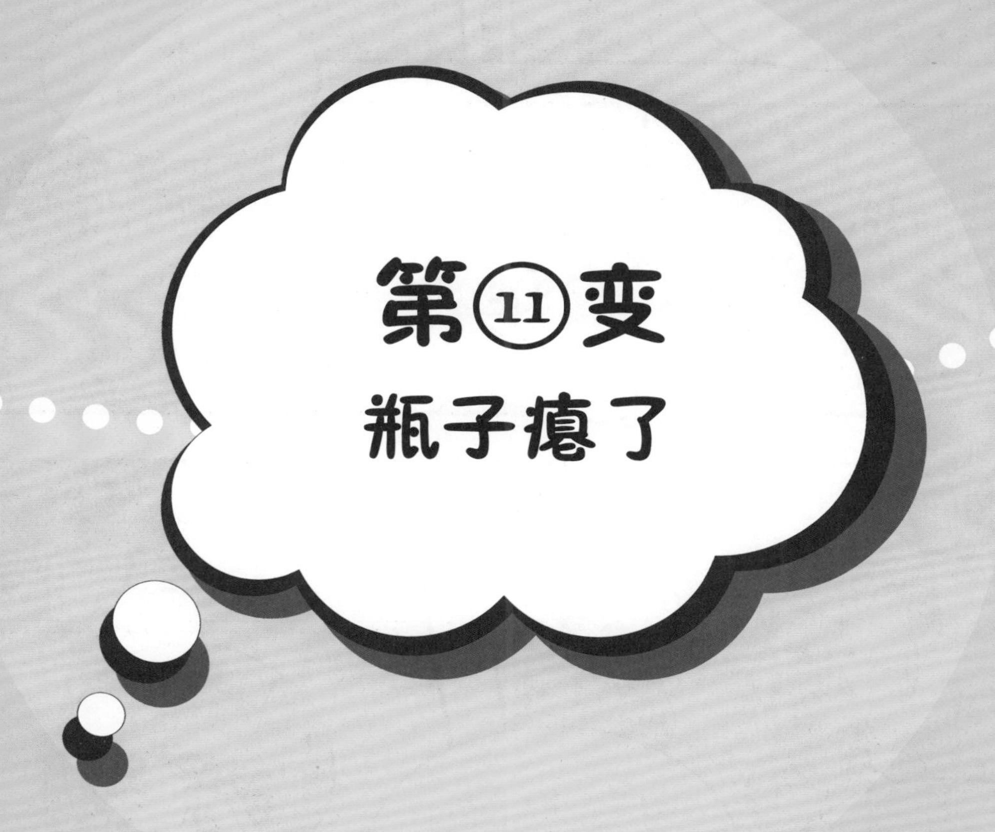

扫描章节最后一页，
观看实验视频教程

节日过后
唐吉，巫师大人找你们去他家吃早饭。
好啊。
你们好啊！一起吃早餐。
巫师，你好！我们几个人来拜访你了。
好热啊，皮还不好剥。
包子，刚煮熟的鸡蛋当然不好剥，而且还烫。我教你一个好办法。
好啊。
首先准备一碗凉水。

把煮熟的鸡蛋放在凉水中浸一浸。
再去剥鸡蛋壳，这样鸡蛋就很容易剥开了。
唐吉，这是什么原理呢？

这是由于热胀冷缩的作用。

但是由于蛋清的收缩系数大，体积变小的程度比较大。蛋壳的收缩系数小，在凉水中体积变化比较小。
蛋清
蛋壳

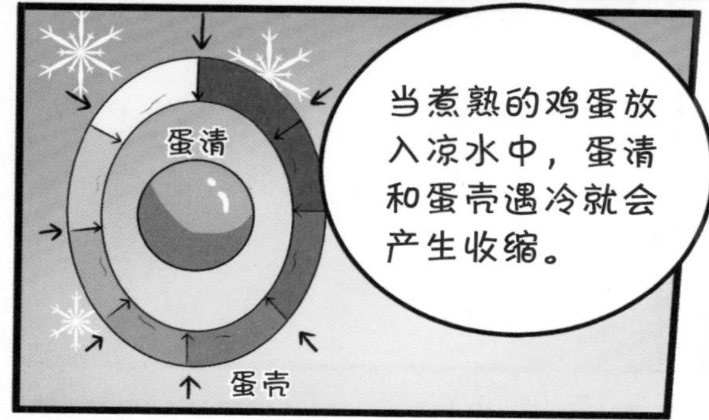
蛋清
蛋壳
当煮熟的鸡蛋放入凉水中，蛋清和蛋壳遇冷就会产生收缩。

所以蛋壳和蛋清之间就有了一定的间隙，鸡蛋也就更容易剥了。
原来是这样。

我再给大家做一个关于热胀冷缩和大气压强的实验。
好。

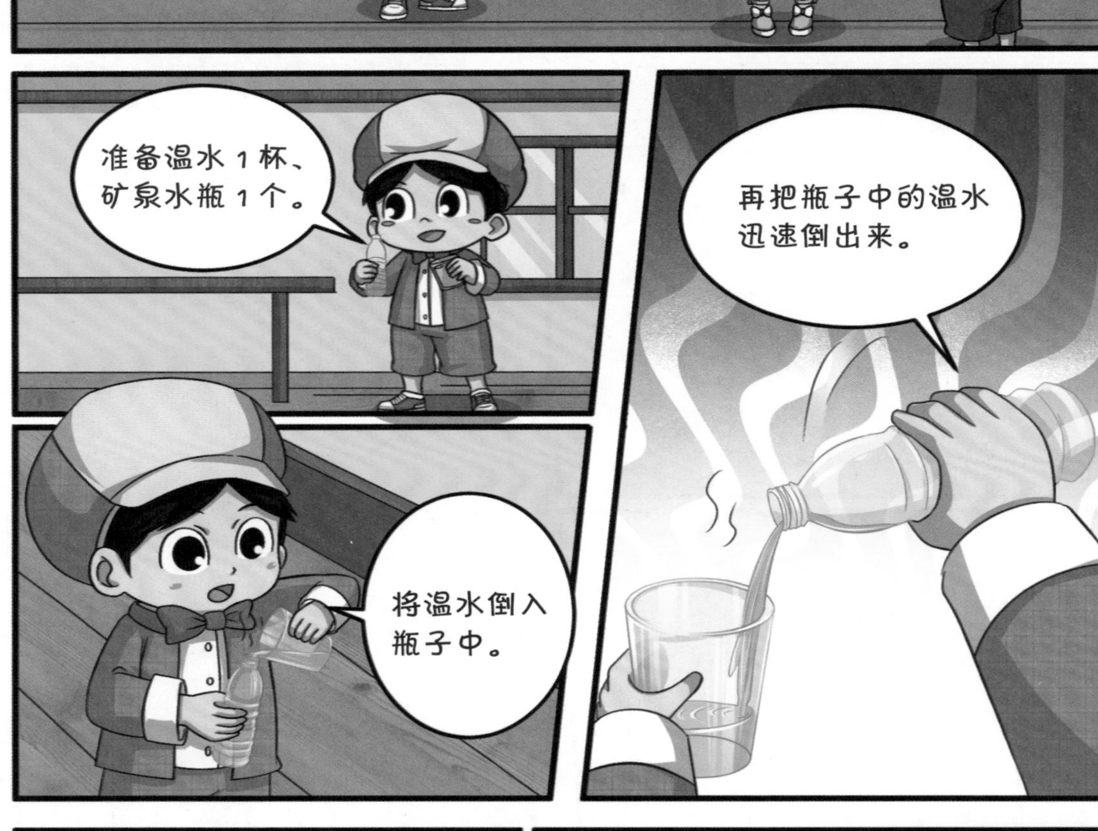
准备温水1杯、矿泉水瓶1个。
将温水倒入瓶子中。
再把瓶子中的温水迅速倒出来。

并迅速盖紧瓶子盖。
观察瓶子的变化。瓶子慢慢瘪了。

这是由于热胀冷缩和大气压强的作用。
瓶子为什么会瘪？

当向瓶内倒入温水时，由于热胀冷缩的作用，瓶内的空气吸收了水散发的热能而不断膨胀。

随着瓶内气体体积的变大，空气膨胀就从瓶口跑了出去。

当拧紧瓶盖后，由于跑出去了一些气体，瓶子里面气体压强要小于外面的大气压强。

瓶子冷却，空气体积收缩，使得瓶内气压继续下降，在大气压强的作用下，瓶子表面受到挤压，所以瓶子就瘪了。
唐吉，你真聪明。

十年前，树爷爷带来过一本名叫《大千世界》的书。
今天找你们来是有事跟你们说。
我有次无意间看到了那本书。
那本书有魔法，书中记载了事情发生的经过。在你们的世界里，树爷爷无意间捡到了这本书，他念了书中的咒语，打开了通往异世界的大门，于是他穿越进了我们的世界。他的到来，打破这里的平静，“古约门之盾”散落，他也受到惩罚变成了一棵树。
我看完那本书之后，书也莫名其妙地消失了。
我找到了树爷爷，告诉了他原本的一切。

但我也救不了他，
他一直还是树的
样子没能变回来。
为了让这里恢复
原貌，师父前去
各个空间寻找有
缘人，来解除这
里的封印。
为什么“古约门之盾”
在你们这里？
师父曾说
这里是智
慧的源头。

唐吉，你是我见
过的最聪明的孩
子，一定就是智
慧的化身。

我的使命是给你们提供线索。

等你们找到碎片，恢复“古约门之盾”，希望这里会回到原来的样子。
也希望树爷爷会变回原来的样子。

一定会越来越好的。

树爷爷说智慧和勇气可以化解一切。
相信我们可以让这里越来越好。
我相信你们。

巫师大人，还有其他线索吗？
快告诉我们吧。
还有另一个线索。
你们可以试着去找心愿阁。
心愿阁
是之前看到海市蜃楼的地方吗？

心愿阁
那里原来是村里的祈福之地，碎片消失后阁主就关闭了心愿阁。村子变样子之后，就很难再有人找到那里，只有有缘人才能找到此地。

如果你们能找到，我相信会有你们想知道的秘密。
太好了，谢谢巫师大人。

巫师大人，您的师父去寻找有缘人了，那我们是不是会见到他？
应该会的，等你们恢复“古约门之盾”后，也许我师父就会出现。
巫师大人，太感谢您了。
不客气，希望你们一切顺利。
App 扫一扫，观看实验视频教程

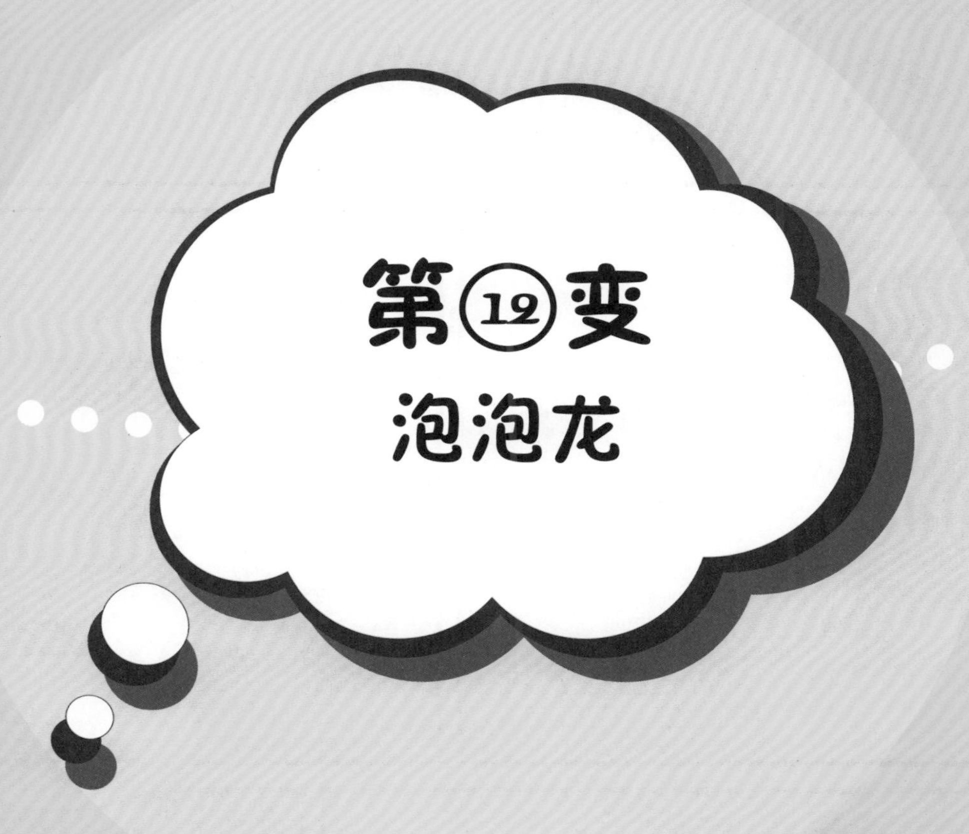

扫描章节最后一页，
观看实验视频教程

心愿阁？

包子对心愿阁很好
奇，唐吉执勤，他
出来散步

包子走着走着看到
远处有一幢建筑。

心愿阁
原来这里就
是心愿阁。

这里一个人都
没有，好害怕，
我还是回去吧。

害怕

啊！
一个女孩子拉
着包子就跑

你是谁啊？
为什么要跑？
快跟我走，我
师兄在追我呢。
师妹！别跑了，
我有话跟你说。
有办法了，
用泡泡机。

哎呀，我的眼睛。
女孩拉着包子跑进了一个山洞
这到底是怎么回事啊？
我是住在心愿阁里的小师妹，我听村里人说你们在找碎片的线索。
刚才追我的人是我的师兄。我怕他不让我下山，就自己跑了出来。
听师父说，以前所有的人都会到心愿阁祈福，直到“古约门之盾”的消失，这里便失去了以往的热闹。我想找到碎片，让心愿阁恢复生机。
心愿阁

我想跟你们一起去寻找碎片，又不敢跟师父说，就自己跑了出来。
既然你想跟我们一起去，我带你去找唐吉吧。
唐吉，我找到心愿阁的人了。
地球村
她是心愿阁的小师妹。
大家好！
你好！
师妹，你跑什么啊。师父走前，嘱托我让咱们帮助他们，你误会我的意思了。
师兄，原来是这样，我以为你不让我出来呢。
原来是误会，真不好意思，刚才用泡泡喷了你。
不一会儿，女孩的师兄追了上来

没关系，那个是什么东西，我觉得很神奇。
那是泡泡制造机。
能告诉我彩色的、圆圆的东西是怎么来的吗？
让唐吉给你做个实验了解一下。
我来做个实验吧。
将泡泡液（肥皂水）倒入塑料杯中。
加入等量的清水。

拿起漏斗，用嘴向漏斗里吹气，许多五颜六色的泡泡就会飞舞在空中。

泡泡是由于水的表面张力降低而形成的。如果在水里添加少量肥皂水一类的表面活性剂，这些添加剂就会降低水的表面张力。于是用这种有添加剂的液体吹气泡就会很容易。这就是用肥皂水能吹出绚丽夺目的肥皂泡的道理。

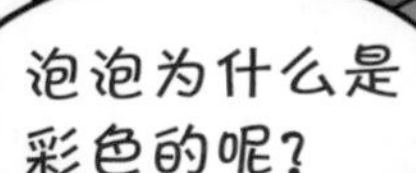

那泡泡为什么
不见了呢？

泡泡的薄膜并不均匀，有的薄，有的厚。泡泡上的液体分子总是向下跑，因此泡泡会逐渐变薄，进而破裂不见。

唐吉，我觉得可以给他俩称下体重。
我明白你的意思了。
我给你们称下体重。

终于找到了。
原来他们俩就是村里最胖和最瘦的人。

包子，感谢你。
不客气。
唐吉，我能跟你们一起去寻找碎片吗？
巫师说碎片在一个很危险的地方，你还是不要去了。
不，我要去，也许我可以帮到你们。
我也要去。
好吧，真的很开心能得到你们的帮助。
App 扫一扫，观看实验视频教程

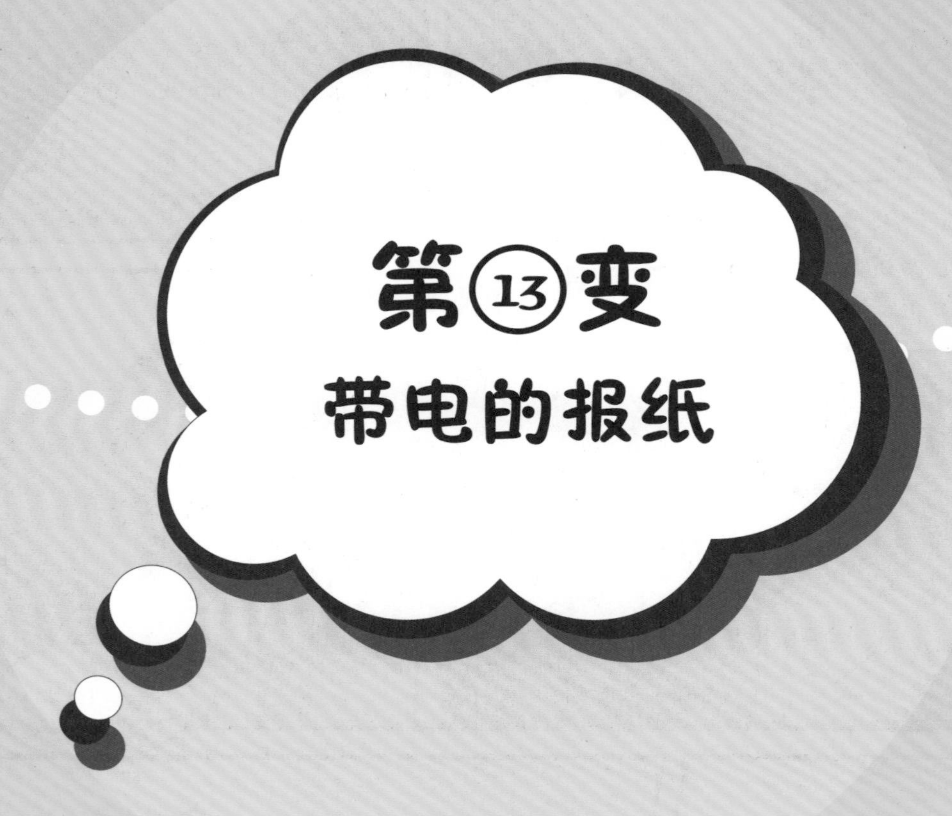

第⑬变
带电的报纸

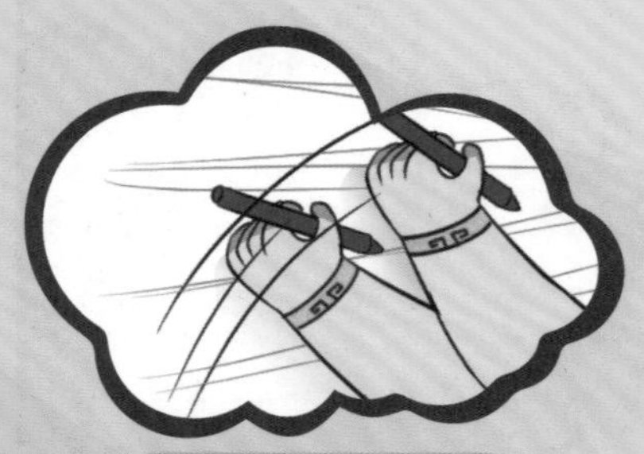

扫描章节最后一页，
观看实验视频教程

一天早上……

唐吉、小空，
你们在做什么？

调皮的小空也想
“露一手”
正好你们来了，我
给你们变个魔术吧。

好啊。

展开报纸，把报
纸平铺在墙上。

用铅笔侧面迅速地在报纸上摩擦，报纸就像粘在墙上一样掉不下来了。
掀起报纸的一角，然后松手，被掀起的一角会被墙壁吸回去。
噼啪 噼啪
你们为什么总有这些稀奇古怪的东西，这是怎么做到的？
这是摩擦起电。

摩擦铅笔，促使报纸带电。带电的报纸被吸到了墙上。屋子里的空气干燥，把报纸从墙上揭下来，就会听到静电的噼啪声。

噼啪

两个物体互相摩擦时，因为不同物体的原子核束缚核外电子的本领不同，所以其中必定有一个物体失去一些电子，另一个物体得到多余的电子。

唐吉，我回去跟师父借酒壶，你们等我回来。
早日回来，我们等着你。
好的，我出发了。

我留下来，与大家一起改造村子。
我们开始行动，让村子更加美丽。
我从自己的空间又带来很多书，希望等我们离开后，你们可以学到更多的知识。
你们给我们这里带来了这么多的知识，真的很感谢你们。

这是我画的《包子食味簿》美食图书，送给你们，希望你们学会做更多的美食。
我再教给大家一些新的称量知识吧。
孙小空，篮球可以送给我留个纪念吗？
可以的。
唐吉，这里变化真的很大，这都要谢谢你们。
不客气，我们要再接再厉。
唐吉，你们只顾着帮我们，你们还有什么愿望没实现吗？

我想获得更多的智慧。

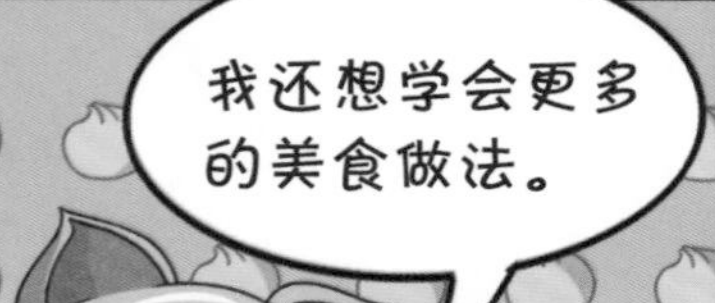
我还想学会更多的美食做法。

我的大英雄梦还没有实现。

我还想与大家分享更多的知识与技能。

现在我们和村民合个影吧。

一会儿也去跟树爷爷照一张。

包子，你为什么对树爷爷这么有感情呢？

这个……我……

因为你们是他的有缘人，对他有特殊的情感。

我们希望能解救树爷爷。

孩子们不要急，等一切恢复原貌，也许他就变回来了。

好了，大家一起照相吧。
咔嚓！
咔嚓！
看镜头。
孩子们，谢谢你们还记得我。
树爷爷真实样子在照片里显示了，原来这么年轻。

一天后……
我回来了。

唐吉将宝
葫芦里的
酒浇在花
骨朵儿上

瞬间花开

出现两颗糖果

唐吉让心愿阁的男
孩和女孩吃下去

唐吉，碎片就在对
岸的一座宫殿里。
你会遇到一个手拿
禅杖的老者，他会
赐你们“光之羽毛”。

谁拿了我的宝葫芦？
师父，是我，我回去的时候您还没回来，我擅自取了过来，您责罚我吧。
原来是这样，没关系的，徒儿。
师父不会责怪你，只是想嘱咐你们。
碎片集齐，你们一定要赶在天黑前回到这里，待阳光和“光之羽毛”合体，“古约门之盾”就会恢复原貌。
让我的两个徒弟跟你们一起去，关键时刻他们可以帮助你们。
谢谢您，师父。
App 扫一扫，观看实验视频教程

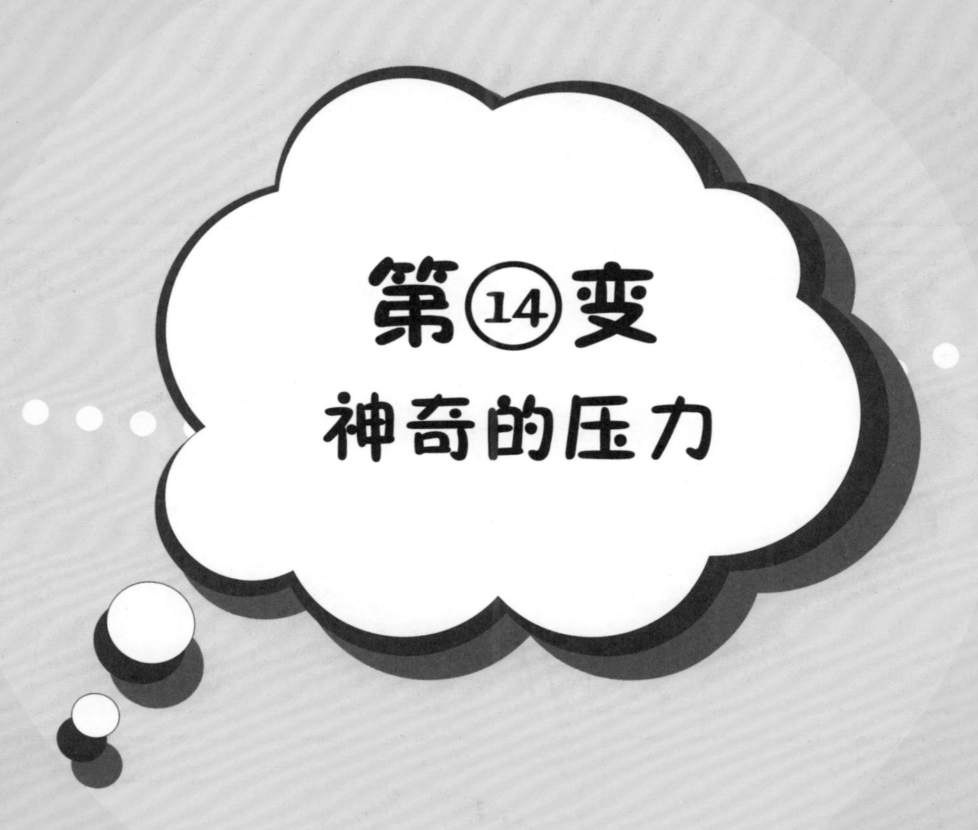

第⑭变
神奇的压力

扫描章节最后一页，
观看实验视频教程

伙伴们，这个篮球瘪了，是怎么回事啊？
师兄，咱们都要出发了，你还想着玩篮球。
篮球不圆了，变成了这个样子。
用球针打气筒给篮球打气就好了。你看，篮球充好气了。
唐吉，球为什么会变大呢。
我给你们讲讲原理吧。
1个针管
线绳
1个堵头
1个海绵块

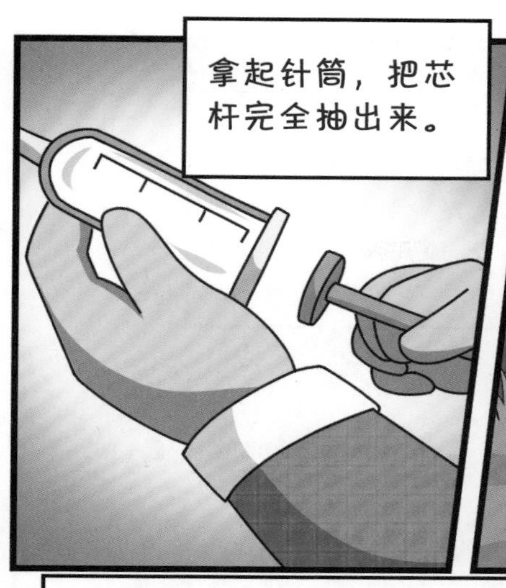

针筒装上堵头，插入芯杆并用力前推，观察海绵块的变化。

这说明空气占有一定的空间，但是它没有固定的形状和体积，当我们对密封容器中的空气施加压力时，空气的体积被压缩，使得内部压强增大，所以海绵随着芯杆的推动而缩小，反之把芯杆放开便慢慢恢复原样。

篮球气孔是根据气压逆向封闭原理而制成。

篮球的充气孔里有一个橡胶垫，当用球针打气时，橡胶垫会被气筒巨大的压力冲开，而当气筒拔出以后，球内的气会给橡胶垫一个向外的力，致使橡胶垫还原成紧闭状态。

打气前先检查篮球打气口是否有异物，有异物要清理干净，以免气嘴塞入时堵住打气口。
插入球针前在打气嘴上滴一滴水，可起到润滑作用。
插入时，要不断地用手按压篮球，观察篮球的状态。

打完气后，拍一拍篮球，看看篮球的弹性是否恢复。
这样篮球的气就充好了。
唐吉，我讲得不错吧。
的确不错。
原来如此。

唐吉，我祝你们一切顺利。
谢谢师父。

徒弟们，照顾
好唐吉四人，
我要回去了。
好的。
师父再见，我们
明天就出发。
再见。
第二天一早，包子
去找树爷爷道别
树爷爷，我们今天就
要出发前往宫殿了，
我过来看看你。

可爱的孩子，你还
挂念着我，我赐予
你一片绿叶吧。

绿叶有什么
用吗？

拿好它，关键时候，
它会帮助你们。
等“古约门之盾”恢复之后，你是不是也可以变回原来的样子？
这个你以后会知道的。
包子，你干什么去了？
我去找树爷爷道别了，他给了我一片绿叶。
你们一定要注意安全。
谢谢村民们这段时间对我们的帮助，再见！
为智慧而战

宫殿离我们还是很远，这样走还要好多天才能走到。
可以乘坐我的小飞云。
乘坐小飞云就快多了。
我们到了，这就是我们要找的宫殿。
碎片一定就在这里了。
我们终于到了。
App 扫一扫，观看实验视频教程

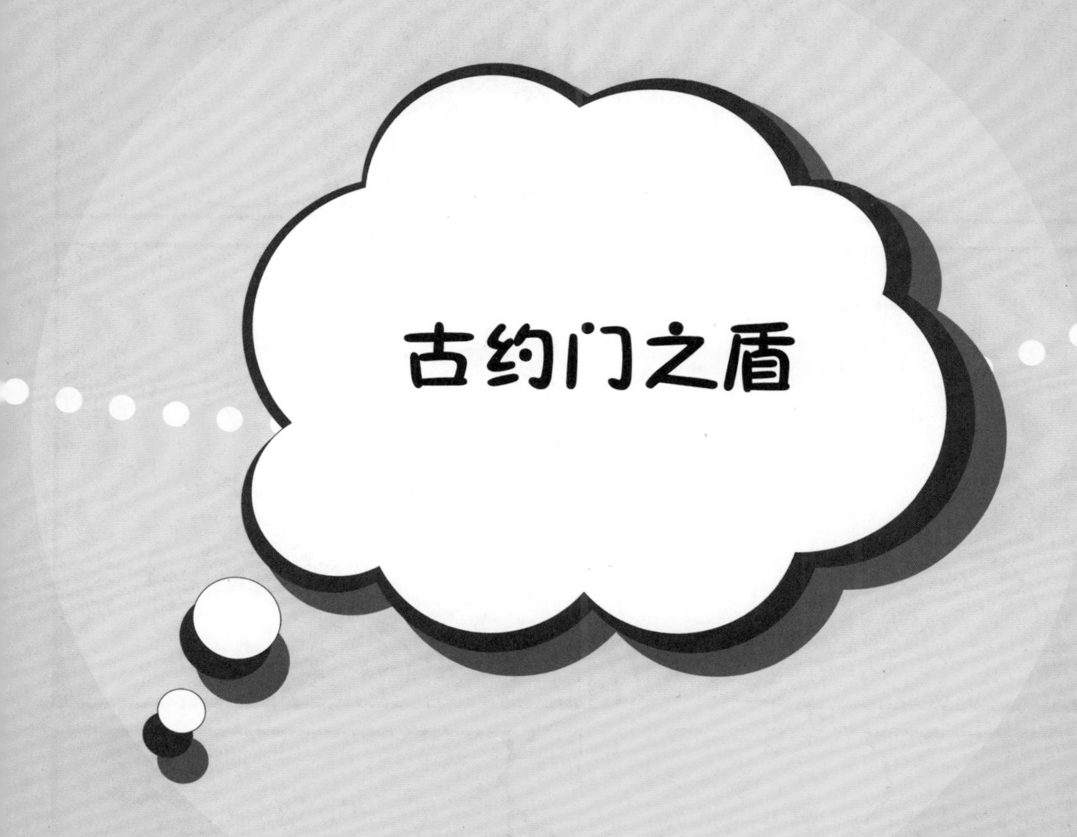
古约门之盾

这里好恐怖。

这块石阶怎么
是活动的？
不好！

大家快趴下，
有机关！

大家一定要十分小
心，看来城堡里有
很多的机关。

这门这么大，咱们
得找到机关打开它。

好难找，哪有机关啊。
我找到了，机关一般都比较隐蔽。
大门打开了。
好害怕。
不知道里面是什么情况，大家一定要跟着我。
是谁在说话，请你现身。
你们是谁？胆敢擅闯禁地。

我们是古堡的
守护者。
你们是谁？来这
里有什么目的？
我们是来找碎……
你这个呆子。

这里不是你们
该来的地方。
我们只是来寻找一样
东西，并没有恶意。

最后一块碎片就
在上面，大家看！
只有真正的有缘人，
才能取到碎片。
那我们想办法取
到顶部的碎片。
我们有办法取到。
太好了。
大家不要松手。
伙伴们，我取到了。

唐吉，这是
属于你的。

你们师兄妹真
的好厉害！

智慧之心

你们的确是有缘人，
碎片属于你们了，我
们的使命已完成。

宫殿消失了。

正义之心
友善之心
团结之心
勇敢之心
智慧之心

碎片终于集齐了。
接下来我们就要找到持有“光之羽毛”的老者。
我们先在附近找找看吧。
不好，我陷进泥里面了。
不要怕，我们拽你上来。
还是出不去，越陷越深了。
我们再想想其他的办法。
我去救他吧。
小空不要冲动，你也会掉下去的。

这时包子裤兜里的
叶子飘了出来

叶子变为一片巨叶，
将师兄解救了出来

巨叶飞毯带着唐吉一行人前去拥有
“光之羽毛”老者的仙山处
咱们应该
快到了。
感谢树爷爷，给了
我这片叶子。

孩子们，
你们终于
来了，现
在你们知
道智慧是
什么了
吗？

信心！
团结！
正义！
友善！
勇敢！

爱心！
孩子们，你们
说得都对。

这是“光之羽毛”，你们将它与碎片放在一起，找到光照充足的地方，“古约门之盾”就会形成。
当“古约门之盾”形成之时，你们可以说一个愿望，要对着天空大声喊，愿望就会实现。
我记得村庄附近的山上光照很充足，咱们就去那里吧。
唐吉，我们的任务已经完成，我们要回去了。
谢谢你们的帮助，很开心与你们成为朋友。
再见！

这里阳光充足，我们就在这里将“古约门之盾”复原吧。
正义之心
友善之心
团结之心
勇敢之心
智慧之心
让人们拥有永恒的爱与希望，让所有的事物恢复原貌。
原来这就是我们寻找的“古约门之盾”。
唐吉，博士派我们来帮助你完成任务，现在任务完成了，我们也该回到我们的世界了。
伙伴们，我们还会再见吧！
一定会的，需要我们的时候，我们一定马上赶来。

再见!

咦?
一天早上，唐吉在班级看到了令人惊讶的一幕

同学们好，我是新来的语文老师。
语文

树爷爷！老师跟照片上的树爷爷一模一样。

太好了，树爷爷已经恢复了人身，但是他可能不记得我了。
唐吉回到家中，写着写着作业便睡着了……

在梦中，包子成为了美食家
小空成为了拯救人类的大英雄
蓝琪学会了更多的知识，成为一个有智慧的才女
所有的一切都是我们给你们的考验，让你们学会勇敢与爱。
伙伴们回来了，这不是梦吧。
唐吉，我们来看你了。
伙伴们，我来了。
唐吉开心地跑了出去